Bibliografische Information der Deutschen Nationalbibliothek:

Die Deutsche Bibliothek verzeichnet diese Publikation in der Deutschen National-
bibliografie; detaillierte bibliografische Daten sind im Internet über http://dnb.d-
nb.de/ abrufbar.

Impressum:

Copyright © 2012 GRIN Verlag
Druck und Bindung: Books on Demand GmbH, Norderstedt Germany
ISBN: 9783668704206

Olga Glöckner

Der Itaipú Damm. Ökologische und sozio-ökonomische Auswirkungen des größten Wasserkraftwerks der Welt

GRIN Verlag

Itaipú Damm

bearbeitet von: cand.-ing. Olga Glöckner

Kurs / Modul: Wasserwirtschaft und Umwelt

Abgabetermin: 19. Juni 2012

Inhaltsverzeichnis

Abbildungsverzeichnis

1   Einleitung

Der Grundstein für die Ära großer Dammbauten wurde in den sechziger und siebziger Jahren gelegt. Sowohl in Brasilien, als auch in China und der Türkei wurden gigantische Staumauern und -wälle errichtet. Die Erwartungen an die modernen Bauten waren sehr hoch und die Versprechungen klangen verlockend: umweltfreundlicher Strom, ausreichend Wasser zur Versorgung von Landwirtschaft und Haushalten, Schutz vor Überschwemmungen, bequeme Schifffahrt – und das alles durch die Errichtung eines einzigen Bauwerks. Im Zuge dieser Euphorie entstand am Rio Paraná an der Grenze zwischen Brasilien und Paraguay auch der Itaipú-Damm, der aufgrund der Zusammenarbeit dieser beiden Nationen auch als Itaipú Binacional bezeichnet wird (vgl. Abb. 1.1) [7]. Das Wasserkraftwerk, welches als das größte und ertragreichste seiner Art weltweit zu bezeichnen ist, lieferte kurz nach der Inbetriebnahme 20% der in Brasilien benötigten elektrischen Energie und mehr als 94% des in Paraguay verbrauchten Stroms [8]. Vor allem die gigantischen Ausmaße des Bauwerks lassen darauf schließen, dass durch die Realisierung des Projekts große anthropogene, zum Teil irreparable, Einflüsse auf die Natur hervorgerufen wurden. Bei der Planung und insbesondere bei der Errichtung des Itaipú wurde den zum Teil verheerenden ökologischen sowie sozio – ökonomischen Veränderungen nicht genügend Beachtung geschenkt.

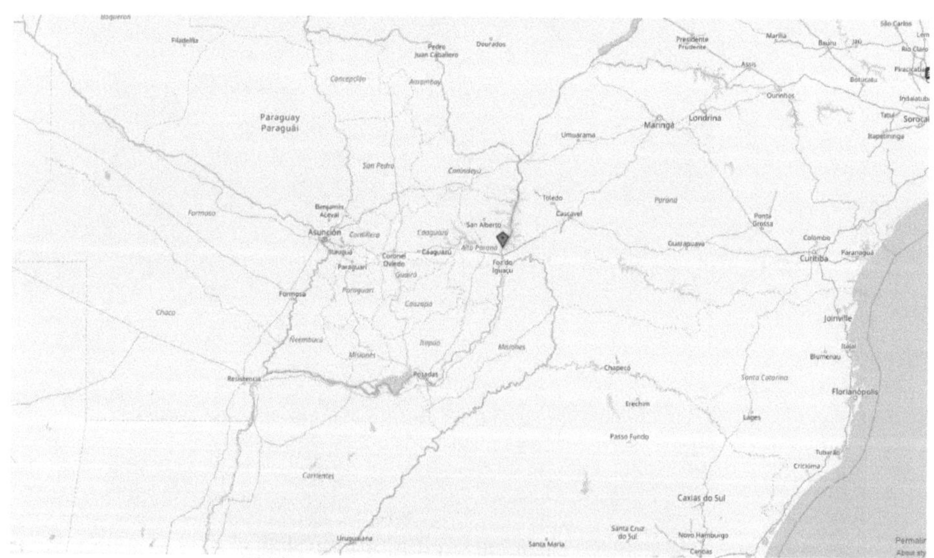

Abbildung 1.1: Standort des Itaipú - Damms [2]

2 Entstehung

Schon 1966 wurde von den zuständigen Vertretern Brasiliens und Paraguays beschlossen einen Stausee zu erbauen, der sich von den Wasserfällen „Sete Quedas" im Norden bis nach Fos de Iguaçu erstrecken sollte. Mit der Absicht einen der wasserreichsten Flüsse der Welt, den Paraná, zur Stromerzeugung zu nutzen und damit den immensen Energiebedarf der Region Sao Paulo und des südlichen Brasiliens zu decken, war am Ende des Sees ein Wasserwerk vorgesehen[5]. Weil der Rio Paraná eine natürliche Grenze zwischen Brasilien und Paraguay bildet, mussten die beiden Länder das Großprojekt gemeinsam durchführen. Da Paraguay in monetärer Hinsicht nicht im Stande war dem Vorhaben beizusteuern, übernahm Brasilien vorerst sämtliche Kosten. Mittels Stromlieferungen und kleineren Ratenzahlungen zahlt Paraguay seinen Anteil an Brasilien ab [4]. Im April 1973 wurde schließlich der Binationale Vertrag zum Bau des Kraftwerks von den Präsidenten der beiden Länder unterzeichnet. Das Abkommen legt die hälftige Teilung der erzeugbaren Energien fest und gibt jedem Land das Recht, die vom Partner nicht genutzte Energie für den Eigenbedarf in Anspruch zu nehmen.

Die Bauarbeiten der Itaipú - Anlage starteten im Jahre 1975 mit dem Aushub des Umleitungskanals, der Aufschüttung des Erddammes auf der brasilianischen Seite sowie der Konstruktion der Staudämme für die Verlegung des Paranás. Ende 1978 wurde der Paraná in den Umleitungskanal geleitet, indem die zuvor erbauten Dämme gesprengt wurden (vgl. Abb. 2.1). Nach der Entwässerung des alten Flussbeckens konnte mit dem Bau des Hauptdamms und des Maschinenhauses begonnen werden. [3]. Ab Oktober 1982 wurde der Rio Paraná gestaut und das umgebende Grenzland überflutet. Im Dezember 1990 wurde schließlich der 18. und damit letzte Generator an der Stromproduktion angeschlossen. Bis zu diesem Zeitpunkt waren 62 Millionen Tonnen Steine und Erde aus dem Flussbett des Paranás entfernt und 12,3 Millionen Kubikmeter Stahlbeton wieder darin verbaut worden. Vergleichbar ist dieser Materialverbrauch mit einer Stahlmenge von 380 Eifeltürmen und einer Betonmenge von 15 Euro-Tunnel. Insgesamt waren 30.000 Arbeiter zwischen 1975 und 1984 an dem Bau dieses 20 Milliarden US$ Kraftwerks beteiligt. Infolge dessen ist es nicht verwunderlich, dass das amerikanische Magazin „ American Society of civil Engineers " Itaipú zu einem der sieben Weltwunder der modernen Welt ernannt hat. [3]

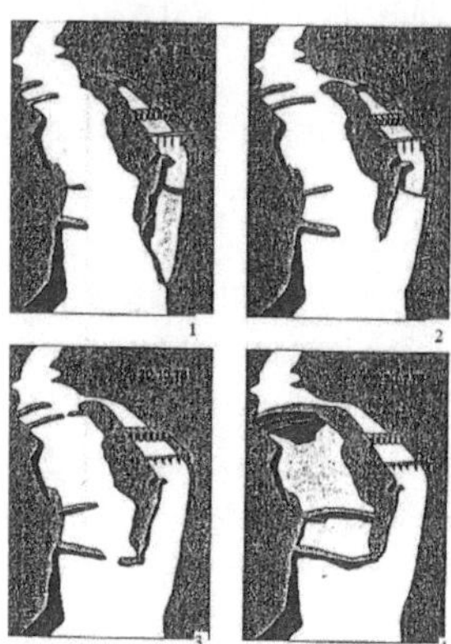

Abbildung 2.1: Phasen der Umleitung [1]

3 Konstruktiver Aufbau

3.1 Talsperren im Allgemeinen

Eine Talsperre staut durch ein Absperrbauwerk in einem Tal ein Fließgewässer zu einem Stausee auf und gilt im Allgemeinen als Oberbegriff für alle dazugehörigen Anlagen, wie z.B. das Absperrbauwerk, der Stauraum, Entnahmebauwerke sowie die Hochwasserentlastungsanlage (vgl. Abb. 3.1 und 3.2).

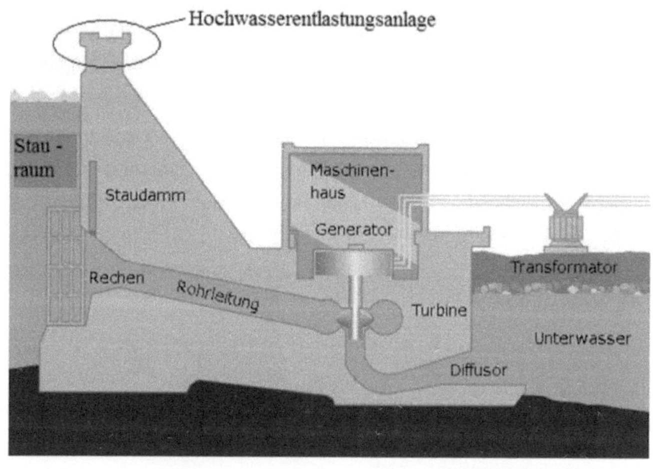

Abbildung 3.1: Aufbau einer Talsperre [6]

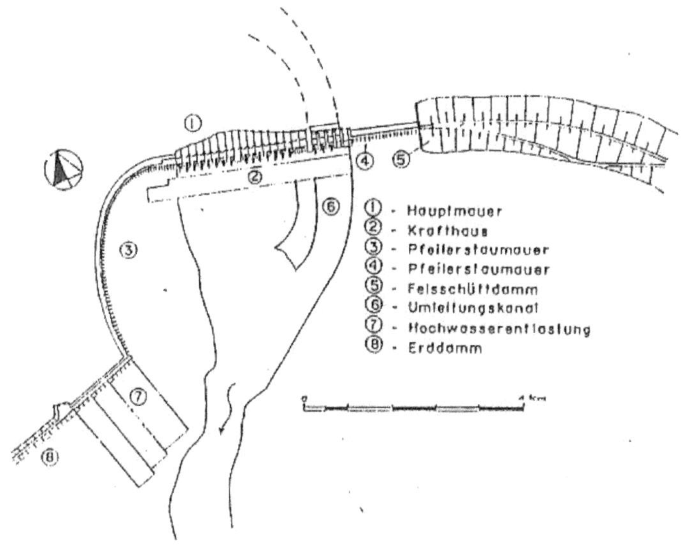

Abbildung 3.2: Lageplan der Gesamtanlage [1]

Die meisten Talsperren verfügen über eine sogenannte Vorsperre, die ein „Vorbecken" aufstaut. Die wesentliche Aufgabe einer Vorsperre ist es Fremd- und Trübstoffe sowie Sedimente von der Hauptsperre möglichst fernzuhalten.

Zur schadlosen Abführung großer Wassermengen bei Hochwasserereignissen dient das Überlaufbauwerk, auch Hochwasserentlastungsanlage genannt.

Der Grundablass ist für die Regulierung des Wasserspiegels, insbesondere bei Hochwasser, Bautätigkeiten sowie bei einer völligen Entleerung der Talsperre, vorgesehen. Die Betriebswasserentnahmeleitung entnimmt im regulären Betrieb das Wasser für den Turbinenbetrieb, die Trinkwassergewinnung und/oder die Unterwasserabgabe. Zur Dokumentation der hydrologischen Situation sowie der korrekten Betriebsweise bei großen Talsperren werden Zulauf- und Unterwasserpegel installiert. Mess - und Kontrolleinrichtungen dienen der Messung und Aufzeichnung des Wasserspiegels, Sickerwassers, Wetters sowie der Verformung des Absperrbauwerks.

Als Absperrbauwerke gelten Staudämme, Gewichtsstaumauern, Bogenstaumauern, Bogengewichtsmauern sowie Pfeilerstaumauern. Im Falle der Itaipú – Talsperre wurde ein Staudamm als Absperrbauwerk errichtet.

Im Allgemeinen dienen Talsperren hauptsächlich der Trinkwasser – sowie Betriebswasserversorgung, der Energieerzeugung, dem Hochwasserschutz, der Niedrigwasseraufhöhung und der Schiffbarmachung eines Flusses.

Der Bau von Talsperren ist mit erheblichen ökologischen Veränderungen und Beeinträchtigungen der Umwelt verbunden. Das natürliche Fließwasserregime wird in der Regel irreparabel verändert. Außerdem besteht die Gefahr der Versandung bei Flüssen, die im Zulauf stark sedimentführend sind. Als Beispiel kann hier der Gezhouba-Staudamm, der durch diesen Effekt schon nach sieben Jahren ein Drittel seiner Staukapazität verloren hat, genannt werden.

Dies sind nur einige wenige Auswirkungen des Talsperrenbaus, wobei lediglich die ökologischen Konsequenzen erwähnt wurden. Auch in sozio – ökonomischer Folgen sollten betrachtet werden [8].

3.2 Itaipú - Anlage

3.2.1 Staudamm

Der 7,9 Kilometer lange Staudamm, der eine Höhe von 196 Metern erreicht, kann mit einem 65-stöckigen Gebäude verglichen werden. Der Damm ist ein Bauwerk (Beton, Bruchstein und Aufschüttungsdamm), das dazu dient das Wasser zu nutzen und eine Höhendifferenz von 120 m zu erreichen, um den Einsatz von Turbinen zu ermöglichen. Der obere Teil des Hauptdamms besteht aus den Einlaufbauwerken [8].

Das Stauvolumen von 29 Mrd. m^3 wirkt mit einem enormen hydrostatischen Druck auf den Hauptdamm des Itaipú. Aufgrund des hohen Druckes wurde der Damm, der größtenteils aus Beton besteht, teilweise wabenförmig erstellt und weist an einigen Stellen eine Dicke von 250 m auf [9].

Um einen Dammbruch zu verhindern, wurde das Bauwerk mit rund 2400 Messinstrumenten, von Thermometern über Spannungsmesser bis zu Pendeln, die jede ungewöhnliche Bewegung der Anlage melden, ausgestattet [11].

3.2.2 Stausee

Das Aufstauen des Rio Paranás auf eine Höhe von 220 m über Normalnull wurde Ende 1982 bzw. Anfang 1983 durchgeführt. Somit entstand der Itaipú – Stausee, der nicht nur die 60 km lange Schlucht Paranás, sondern auch die bekannten Sete Quedas Wasserfälle auf dem Rio Paraná in der Nähe von Guaíra überflutete. Der Stausee erstreckt sich von Itaipú bis Guaíra über eine Länge von 170 km. In

Anbetracht der Morphologie des Landes ist der Stausee mit einer maximalen Breite von 7 km jedoch relativ schmal.

Abb. 3.3 zeigt das Profil des ehemaligen Flussbetts sowie den ursprünglichen durchschnittlichen Wasserstand des Rio Paraná. Die sehr starke ursprüngliche Neigung des Gefälles des Rio Paranás ist deutlich zu erkennen. Der ausgesprochen tiefe Einschnitt im Rio Paraná ist in Abb. 3.4 abgebildet.

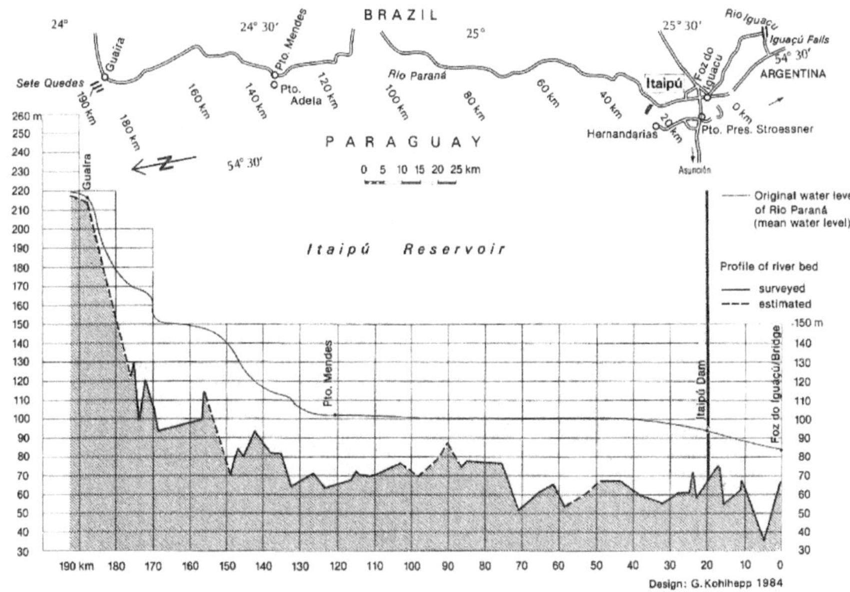

Abbildung 3.3: Flussprofil des Rio Paraná im Itaipú - Gebiet [12]

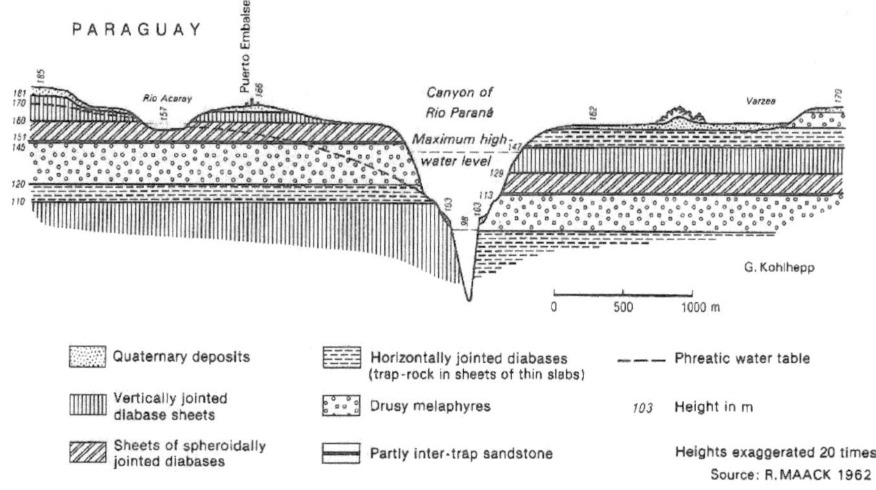

Abbildung 3.4: Geologisches Profil des Rio Paraná [12]

Bei mittlere Wasserpegel bedeckt das Wasser des Itaipú – Stausees eine Fläche von 1350 km². Bei hohem Wasserstand steigt das überflutete Land auf 1460 km² an, dabei sind etwa 835 km² Brasiliens und ungefähr 625 km² Paraguays mit Wasser überstaut. [12]

Die sozio – ökonomischen und ökologischen Konsequenzen des Itaipú – Stausees werden in Kapitel 5 näher erläutert.

3.2.3 Wasserkraftwerk

Das Wasserkraftwerk der Itaipú – Anlage besteht aus insgesamt 18 Francis – Turbinen, deren Nennleistung bis zum Jahre 2004 12.600 Megawatt betrug. Zwei weitere Turbinen wurden Anfang 2004 eingebaut, wodurch die Gesamtkapazität des Wasserkraftwerks auf 14.000 Megawatt stieg. Die Aufgabe der beiden zusätzlich installierten Turbinen besteht vor allem darin die Menge der erzeugten Energie konstant zu halten, sobald andere Turbinen aus betriebstechnischen Gründen ausfallen sollten [5].

Die Turbinen und Fallrohre sind dazu in der Lage eine Wassermenge von 62.000 m³/s aufzunehmen, um die Fließenergie des Wassers in elektrische Energie umzuwandeln. Eine Stadt mit 1,5 Mio. Einwohnern kann mit einer einzigen Turbine versorgt werden. Da die ausgewählten Turbinen zuverlässig und ausdauernd sein mussten, fiel die Wahl auf die Francis-Turbine (vgl. Abb. 3.5) [9].

Bei einem Durchfluss von etwa 10.500 m³/s beträgt das Regelarbeitsvermögen des Itaipú - Wasserkraftwerks rund 95 Twh. Die höchste Realerzeugung eines Wasserkraftwerks weltweit wurde 2008 am Itaipú mit 94,68 Twh gemessen.

Im Vergleich dazu lieferte der Kernreaktor mit der weltweit höchsten Jahresproduktion (Isar 2006) im Jahr 2006 12,4 Twh [5].

Abbildung 3.5: Francis - Turbinen des Itaipú – Wasserkraftwerks [10]

3.2.3.1 Energienutzung

Brasilien finanzierte vertragsmäßig das etwa 19 Mrd. Dollar teure Großprojekt Itaipú, dessen Folge eine Auslandsverschuldung von 16,6 Mrd. US-Dollar war. Da Brasilien bereits nach der Inbetriebnahme des Kraftwerks circa 20% seines Strombedarfs von Itaipú bezog, ist das Schwellenland von diesem Wasserwerk abhängig. Im Jahr 2007 ist der Stromverbrauch Brasiliens laut CIA Factbook 2009 (auf rund 404 Mrd. Kwh) erheblich gestiegen. Dadurch liegt der Anteil des aus dem Itaipú – Kraftwerk bezogenen Stromes bei etwa einem Sechstel.

Paraguay zahlt seine Schulden in Form von Export des nicht benötigten Stromes bei Brasilien ab. Insofern hat Paraguay vom Großprojekt Itaipú profitiert.

Während die Generatoren auf paraguayischer Seite Drehstrom mit einer Frequenz von 50 Hz erzeugen, arbeitet das brasilianische Netz mit 60 Hz. Um den Export des paraguayischen Stromes zu ermöglichen, wird dieser zunächst in Gleichstrom umgewandelt, woraufhin der Transport über eine Hochspannungs – Gleichstrom – Übertragung (HGÜ) nach São Paulo erfolgt. Dort wird dieser auf 60 Hz umgewandelt [5].

4 Natürliche Bedingungen in der Itaipú Region

Die Itaipú – Region ist in zwei Gebiete aufgeteilt. Zum einen in ein östliches im Süden des brasilianischen Hochlands zwischen dem Rio Piquiri und dem Rio Iguaçu im Bundesstaat Paranás. Zum anderen in eine westliche Region, die Teil des paraguayischen Amambay Plateaus im Departamentos Alto Paraná und Canendiyú sind.

Ein Großteil des Westens von Paraná, dem Teil der Itaipú – Region, der sich auf brasilianischem Territorium befindet, ist vom mesozoischen Plateau, ebenso bekannt als Guarapuava Plateau, bedeckt. *Geologisch* besteht die Region vorwiegend aus einer Ansammlung triassischer Trappgesteine, basischer Lava sowie verstreuter diabasischer Intrusionen. Dieses mesozoische Plateau neigt sich von etwa 1100 Meter über Normalnull am Guarapuava im Zentrum Paranás bis weniger als 200 Meter über Normalnull am Rande der pleistozänen Schlucht am Rio Paraná. Die zuletzt genannte Schlucht hat eine Tiefe von weniger als 50 Meter über Normalnull, wie in Abb. 3.3 und 3.4 abgebildet.

Die Neigung des Plateaus ist kontinuierlich und ohne jegliche tektonische Störungen, sodass sich die Geländeform zwischen Cascavel und Foz do Iguaçu nur schwach bewegt. Die Erosionsprodukte der Lavadecke sind dunkelrot bis rotbraun und bestehen aus tiefverwitterter „terra roxa" Erde mit einer hohen natürlichen Fruchtbarkeit.

Dahingegen ist der Nordwesten des Itaipú Gebiets, nördlich des Rio Paraná, von Sandsteinen bedeckt, die nicht nur zu einer wesentlich geringeren natürlichen Bodenfruchtbarkeit führen, sondern auch sehr anfällig für Erosion sind.

Klimatisch gehört die Itaipú – Region zu den feuchten tropischen bzw. subtropischen Klimaregionen. Die klimatischen Bedingungen sind durch die Position der Region in unmittelbarer Übergangszone gekennzeichnet. Diese Übergangszone befindet sich zwischen dem feuchten tropischen Gebiet Nordparanás, das durch seine trockene Winter charakterisiert werden kann und einem Klima, das durch heiße Sommer und kalte Temperaturen im Winter mit gelegentlichem nächtlichen Frost beschrieben werden kann. Die jährliche Durchschnittstemperatur am Rio Paraná beträgt 21,3°C. Die Temperatur zwischen dem wärmsten und dem kältesten Monat des Jahres variiert um 10 bis 11°C. Die höchste mittlere Temperatur, aufgezeichnet im Januar und Februar, beläuft sich auf 26°C in Guaíra und Foz do Iguaçu und 22°C in

Cascavel, wo die Höhe 750 m beträgt. Die niedrigste monatliche Temperatur wurde im Juni/Juli mit 15 bis 16°C am Rio Paraná und 13,5°C in den höher gelegenen Regionen gemessen. Während das absolute Maximum nahezu 40°C erreicht, führen kalte Luftströme zwischen Juni und August zu nächtlichem Frost.

Die Niederschlagssituation der Itaipú – Region ist das ganze Jahr über feucht. Jährlich erreicht der Niederschlag Zahlen zwischen 1650 und 1800 mm mit maximalen Werten von Dezember bis März und maximalem monatlichen Durchschnittsniederschlag von rund 230 mm.

Angesichts der Tatsache, dass das Klima das ganze Jahr über humid ist, ist die Wasserbilanz in der Itaipú – Region konstant und somit herrscht kein Mangel an Bodenfeuchte. Die durchschnittliche relative Luftfeuchte dieses Gebietes liegt bei 80%.

natürliche Vegetation

Die immergrün subtropischen Regenwälder, die noch Anfang der 50er Jahre den Bundesstaat Paranás kennzeichneten, wurden aufgrund der großen landwirtschaftlichen Kolonisation in der zweiten Hälfte der 50er Jahre großflächig gerodet.

Teile des Amambay Plateaus im Osten Paraguays, die bis 1976 bis zu 87% mit Wald bedeckt waren, wurden bis auf 20% gerodet.

5   Auswirkungen

5.1   Sozio - ökonomische Auswirkungen

Brasilianische Gemeinden wurden um rund 14% ihrer Flächen durch die Errichtung des Itaipú – Dammes enteignet. Dies entspricht einer Fläche von 111.300 ha. Während über die Veränderungen auf brasilianischer Seite relativ genaue Daten vorhanden sind, gibt es nur wenige Informationen über den Wandel im paraguayischen Gebiet zu finden. Dort beträgt die enteignete Fläche 1.290 km^2 und ist damit größer als das Doppelte des durch die Itaipú – Anlage überfluteten Landes.

Trotz der Größe des Stausees, die zwischen 1.350 und 1.460 km^2 variiert und damit über 2,5-mal größer als der Bodensee ist, hat sich die Höhe der Überschwemmungen durch die geomorphologischen und geologischen Bedingungen des tiefen Einschnitts im Rio Paraná bislang in Grenzen gehalten. Abbildung 5.1 gibt einen Überblick über die Größe und den Umfang des Itaipú – Stausees. Die Anzahl der Menschen, die durch die Enteignung umgesiedelt werden musste, beträgt mehr als 42.400 in Brasilien und weitere 25.000 in Paraguay.

Folgende Siedlungen auf brasilianischer Seite wurden komplett überflutet und mussten daher vorher verlassen werden (vgl. Abb.5.1 von Süden nach Norden): In Alvorada do Iguaçú waren 410, in Itacorá 600 und in Inhueverá 80 Häuser betroffen. Zusätzliche 30 Häuser mussten in Cristo Rei und 25 in Porto Primavera evakuiert werden. Die paraguayische Seite des Stausees war ursprünglich wesentlich weniger besiedelt. Insgesamt befanden sich rund 350 Häuser aus den Gebieten Pto. General Diaz, Pto. Indio, Pto. Sauce, Pto. Manangatú, Col. Manangatú und Pto. Adela im Überschwemmungsgebiet.

Im Bereich der Infrastruktur waren Autobahnen und lokale Straßen, die parallel zum Rio Paraná verliefen (zum Beispiel die direkte Straßenverbindung zwischen Foz do Iguaçú und Guaíra), von dem Itaipú – Projekt betroffen.
Straßen mit einer Gesamtlänge von 577,5 km wurden für das Großprojekt überflutet und weitere 390 km umgeleitet.

Der Produktionsabfall im Jahr 1977 durch den Verlust der Ernte wird auf etwa 545 Millionen Cruzeros geschätzt. Das ergibt einen Verlust von etwa 14,3% der landwirtschaftlichen Produktion im Itaipú – Gebiet. Von 418 betroffenen landwirtschaftlichen Betrieben wurden 113 geschlossen. Die restlichen 305 Bauernhöfe überlebten mit einer reduzierten Ackerfläche.

Obwohl die Veränderungen in der Landwirtschaft, wie beispielsweise Prozesse der Mechanisierung sowie die der Besitzverhältnisse der Flächen, keinen direkten Zusammenhang mit dem Itaipú – Projekt haben, wurden diese durch die Auswirkungen des Itaipu beschleunigt.

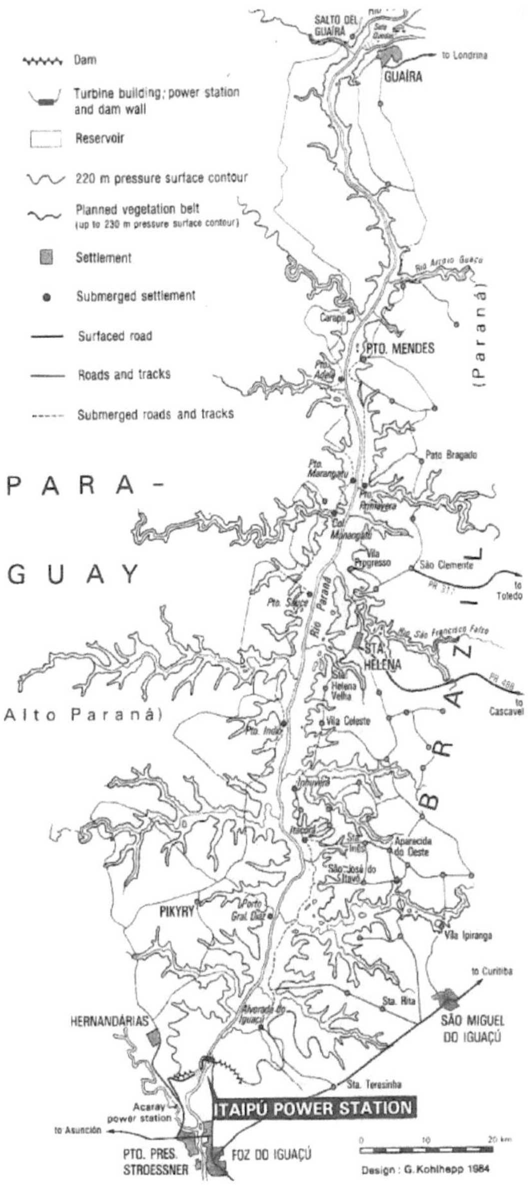

Abbildung 5.1: Besiedlungssituation im Itaipú – Gebiet [12]

5.2 Ökologische Probleme und Auswirkungen

Das Problem, die ökologischen Effekte des Itaipú Projekts zu beziffern und abzuschätzen, liegt darin, dass ein Mangel langfristiger Beobachtungen und Bemessungen in diesem Gebiet in der sogenannten „pre – Itaipú period" herrscht. Des Weiteren wurde seit der Befüllung des Reservoirs im Oktober 1982 nur eine geringe Anzahl von Messungen durchgeführt, die noch dazu an nicht immer repräsentativen Standorten stattfanden. Zudem ist die Zeitraum seit der Entstehung des Stausees zu kurz, um aussagekräftige wissenschaftliche Schlussfolgerungen über Ursache und Wirkung treffen zu können. Aufgrund dessen basieren die folgenden Beurteilungen zum einen auf einer Analyse vorhandener Daten *vor* der Durchführung des Itaipú - Projekts und zum anderen auf vergleichbaren Daten ähnlicher Projekte.

Folgende Aspekte werden diskutiert:

- Hydrologische Konsequenzen
- Erosionsprobleme

5.2.1 Aktivitäten und Programme zum Schutz der Umwelt

Bereits im Jahr 1975 unterzeichneten Brasilien und Paraguay einen grundlegenden Plan zur Erhaltung der Umwelt, den sogenannten *„plano básico para conservacao do meio ambiente"*. Darin sollten nicht nur Begutachtungen und Bestandsaufnahmen von Flora und Fauna, sondern auch sedimentologische sowie hydrologische Bemessungen behandelt werden.

Itaipú Binacional erstellte in Kooperation mit der Universität von Curitiba thematische Karten in digitalisierter Form. Das Programm beschreibt die vorhandene ökologische Situation, schätzt ökologische Risiken ab, warnt vor ökologischen Defiziten und gibt Vorschläge zur Aufrechterhaltung oder Wiederherstellung ökologischer Stabilität.

Wesentliche Fragen hierbei sind jedoch, ob die richtigen Schlussfolgerungen getroffen und ob die notwendigen Maßnahmen für diese individuelle Situation in technologischer, ökologischer und politischer Sicht durchgeführt werden.

Zwei weitere Projekte des Itaipú Binacional sind ebenfalls erwähnenswert: „Mymba Kuera" und „Gralha Azul". Das Ziel des „Mymba Kuera" – Projekts, das in der Tupí – Guaraní – Sprache „Fauna" bedeutet, war es die Auswirkungen der Überflutung auf die Tierwelt zu minimieren. Dies sollte dadurch erfolgen, dass die in dem überfluteten Gebiet lebenden Tiere eingefangen werden und anschließend in sogenannte „refúgios biológicos" werden. 200 Menschen waren sofort an dem Projekt beteiligt, das in mehreren Etappen durchgeführt wurde. Die Tierrettungen und

Neuansiedlungen sind vor allem in wissenschaftlichen Kreisen aufgrund der Tatsache, dass die Tiere aus einem gewohnten spezifischen Biotop verlagert werden, sehr umstritten. Trotz der Kritik muss in Hinblick auf die Dichte der Besiedlung im westlichen Paraná und der geringen Menge an Wäldern anerkannt werden, dass dieses Projekt zur Rettung der Fauna im überschwemmten Gebiet beigetragen hat.

Von großer Bedeutung für die Erstellung und Aufforstung einer Schutzzone um das Reservoir herum auf brasilianischer Seite ist das „Gralha Azul" – Projekt. Für das Itaipú – Projekt musste eine Fläche von insgesamt 500 km^2 bis zur Befüllung des Stausees auf 200 km^2 gerodet werden.

Die geplante Aufforstung der Schutzzone auf brasilianischer Seite ist bereits im Gange und konzentriert sich auf das Gebiet 225 m über NN und aufwärts (der durchschnittliche Wasserstand im Stausee liegt bei etwa 220 m über NN). Dadurch soll zum einen die Gefahr vor Erosion und Abrieb an den Küsten und Hängen stark reduziert werden. Zum anderen soll eine direkte Verunreinigung des Sees durch landwirtschaftliche Sprays etc. vermieden werden. Zudem wird ein schützendes Biotop für Flora und Fauna, das gleichzeitig als Windschutz agiert, geschaffen.

Die Intention ist es 15 Millionen Bäume in einem Zeitraum von fünf Jahren zu pflanzen, um die Schutzzone zu schaffen. Bisher wurde die geplante Zielsetzung jedoch noch nicht erreicht. Den Erfahrungen ähnlicher Projekte in Brasilien zur Folge, treten Zweifel auf, ob die Aufforstung innerhalb des Zeitplans erfolgen wird.

5.2.2 Hydrologische Konsequenzen

Zahlreiche Damm-Projekte im Einzugsgebiet sowie im Oberlauf des Rio Paraná haben einen Einfluss auf die Strömung des Flusses, insbesondere auf dessen Hochwasserspitzen. Dies gilt ebenso für den Mindestdurchfluss, der durch die Stauseen besser ausgeglichen werden kann. Die Planung und Erstellung der Itaipú – Anlage entspricht dem Stand der Technik. Obwohl kein umfangreiches Messsystem innerhalb des Einzugsgebietes vorhanden ist, liefern die zahlreichen Dämme, die sich auf den Hauptgewässern (Rio Grande und Rio Pranaíba), den Seitenflüssen (insbesondere Tiete und Paranapanema) und dem Rio Paraná befinden, nützliche Informationen über das Strömungsverhalten und quantitative Aspekte über die Wasserressourcen.

Als Folge des Itaipú Dammes wurden Veränderungen im Strömungsverhalten im Unterlauf des Rio Paraná beobachtet. Diese zeichnen sich dadurch ab, dass die erfassten Strömungen innerhalb eines Jahres weniger extreme Werte aufwiesen.

Ein Aspekt mit großer Bedeutung ist die *Wasserqualität*, die durch zahlreiche Faktoren beeinflusst wird. Ein Problem, das bei vielen Dammprojekten, insbesondere in tropischen Regionen, entweder komplett ignoriert oder dem nicht ausreichend Aufmerksamkeit gewidmet wird, ist die vollständige Reinigung der Waldvegetation aus dem zukünftigen Flussbett des Stausees, bevor dieser überflutet wird. Der Brokopondo – Stausee in Suriname und Tucuruì – Stausee in Brasilien sind besonders eklatante Beispiele.

Wenn ein Gebiet, das von dichtem Wald bedeckt ist, überflutet wird, setzen sich erhebliche Mengen organischer Substanzen im Stausee ab. Dies führt zu Sauerstoffmangel und Bildung von Schwefelwasserstoff, Methan und Ammonium im Wasser. Der anaerobe Abbau von Biomasse und das damit einhergehende Freisetzen toxischer Gase können bei Menschen im näheren Umfeld zu Beeinträchtigungen, die von bloßen Gerüchen zu Vergiftungserscheinungen reichen können, führen. Toxische Effekte können ebenso eine große Gefahr für die Fischpopulation darstellen und somit direkte ökologische Konsequenzen mit sich tragen.

Bislang kann der Sauerstoffgehalt im Itaipú-Stausee das ganze Jahr über als gut beschrieben werden. Dennoch ist an zwei Messstellen eine deutliche Abnahme des Sauerstoffgehaltes im Wasser erfasst worden. Werte von weniger als der kritische Wert von 4 mg/l wurden bisher zweimal gemessen. In Anbetracht der großen Anzahl von Messungen ist dies jedoch nicht signifikant genug um weitere Aussagen treffen zu können.

Besonders hohe Aufmerksamkeit erfährt das Auftreten agrotoxischer Substanzen im Wasser des Itaipú – Stausees. Die eindeutigen Werte spiegeln den Fortschritt in der Landwirtschaft wider, beispielsweise in Form von häufigem Einsetzen von Insektiziden, Pestiziden, etc. in den Monaten Mai – Juli/August. Folglich führt der Anstieg der Nährstoffzufuhr durch die Landwirtschaft zu einer ständigen Zunahme der Primärproduktion des Stausees.

5.2.3 Erosionsprobleme

Der Zufluss von gelöstem Material als Folge großflächiger Erosionsprozesse gilt als eines der größten Probleme des Itaipú – Stausees. Die Intensität der Erosion ist von einer Vielzahl von Faktoren abhängig. Erosion kann unter anderem durch die Intensität und das jährliche Aufkommen von Regenfällen, die geomorphologische Situation sowie durch physikalische Eigenschaften des Bodens beeinflusst werden. Als sehr wichtige Einflussfaktoren sollten die Landnutzung sowie landwirtschaftliche

Faktoren, wie die Anbautechniken, Pflugtiefe, Bodenbedeckung durch Pflanzen und Erosionsschutzmaßnahmen dem hinzugefügt werden.

Obwohl in Paraná bislang keine genauen Messsysteme vorhanden sind, lässt sich durch vorhergegangene Studien ein annähernder Maßstab an Erosionsprozessen ermitteln.

Als Beispiel kann hier das Wasseraufnahmevermögen eines Bodens, der seit Jahren durch die mechanisierte Landwirtschaft geprägt ist, genannt werden. Untersuchungen haben ergeben, dass die Wasseraufnahme eines solchen Bodens etwa nur 4 bis 5% der Kapazität eines Waldbodens entspricht. Dies bedeutet, dass der Oberflächenabfluss der Niederschläge entsprechend hoch und das Risiko, dass die Erde mit weggetragen wird, akut ist. Der Verlust von Boden verursacht durch Erosion kann überaus große Ausmaße erreichen. In Paraná können es bis zu 700 t pro Hektar pro Jahr sein. Generell sind Werte zwischen 10 und 20 t pro Hektar und Jahr üblich. Besonders in Paraná sind die dunkelroten Latosole mit 50 bis 70% Sand und nur 12 bis 25% Ton mit einer geringen Konzentration organischen Materials sehr anfällig für Erosion.

Eine Folge, die durch Erosion entsteht, ist zum einen der irreversible Verlust von Boden, wobei vor allem die oberste und somit fruchtbarste Schicht des Bodens weggeschwemmt wird. Zum anderen entstehen Ertragsverluste bei landwirtschaftlicher Nutzung des Bodens genauso wie der Eintrag von Bodenmaterial, Nährstoffen und Schadstoffen in das Gewässer.

Maßnahmen, wie die Feldeinteilung und Konturbearbeitung, um den Oberflächenabfluss zu minimieren, reduzierten die Erosionseffekte jedoch nur bei Böschungen mit einer Neigung kleiner als 3% um 50%. Auch bei steileren Böschungen bringt der Anbau der Ernte parallel zur Böschung, wodurch tiefes Pflügen vermieden wird, den gewünschten Erfolg.

Kleine Nebenflüsse auf der Strecke von Guaíra nach Itaipú, die ein Einzugsgebiet von etwas mehr als 20.000 km^2 haben, befördern jährlich eine Sedimentfracht von 360.000 t in den Itaipú Stausee. Sehr große Sedimentmengen kommen aus der Caiuá – Sandsteinregion, wo der sandige Boden sehr schnell weggeschwemmt wird.

In manchen Bereichen des Stausees, insbesondere im nördlichen Teil, hat die Trübung des Wassers eine wesentliche Auswirkung auf die Entwicklung der Phytoplanktonproduktion und demzufolge auf den Fischfang.

Solange die Nebenflüsse des Rio Paranás jedoch zusätzliches Sediment in den Stausee befördern, ist eine Versandung des Itaipú nur eine Frage der Zeit. Aufgrund dessen wird mittlerweile die Konstruktion eines Dammes in Guaíra vorbereitet. Ein weiteres großes Wasserkraftwerk, Ilha Grande, wurde Anfang der 90er Jahre errichtet. Obwohl der Rio Paraná an dieser Stelle „nur" auf eine Höhe von 19 m aufgestaut wird, entsteht ein Stausee mit einer Fläche von 3.200 km². In Anbetracht der Unmengen an Sedimentfracht, die im Rio Paraná mittransportiert werden, dient der Ilha Grande Stausee lediglich als Sedimentspeicherung für den Itaipú. Das Problem der Versandung ist für den Ilha Grande daher sehr akut.

Dahingegen wird die Lebensdauer des Itaipú durch den Damm in Guaíra wesentlich verlängert, da dieser die Größe des Einzugsgebietes wesentlich reduziert und den Zufluss des sandigen Bodens Nord-West Paranás verhindert.

6 Literaturverzeichnis

[1] Billib, M. (kein Datum). persönliche Informationen.

[2] https://www.openstreetmap.de/karte.html

[3] Gugelmann, M. (kein Datum). Itaipú Binacional - Paraguay - Brasilien. *Eine ökologische Katastrophe?* Verlag für akademische Texte.

[4] *http://brasilienmagazin.net.* (16. Februar 2006). Abgerufen am 30. April 2012 von http://brasilienmagazin.net/parana/teil2/.

[5] *http://de.wikipedia.org.* (kein Datum). Abgerufen am 25. Mai 2012 von http://de.wikipedia.org/wiki/Itaipu.

[6] *http://www.energie-gipscomm.de.* (kein Datum). Abgerufen am 27. Mai 2012 von http://www.energie-gipscomm.de/Dena/Wasser_Prinzip.png.

[7] *http://www.imposante-bauwerke.de.* (16. August 2011). Abgerufen am 5. Mai 2012 von http://www.imposante-bauwerke.de/itaipu-staudamm-zwischen-paraguay-und-brasilien/.

[8] *http://www.itaipu.gov.br.* (kein Datum). Abgerufen am 10. Mai 2012 von http://www.itaipu.gov.br/en/energy-home.

[9] *http://www.paraguay2you.com.* (2012). Abgerufen am 6. Mai 2012 von http://www.paraguay2you.com/paraguay-geografie/wasserkraftwerk-itaipu-der-gigantische-stromproduzent.html.

[10] *http://www.quetzal-leipzig.de.* (kein Datum). Abgerufen am 27. Mai 2012 von http://www.quetzal-leipzig.de/wp-content/uploads/Land/Brasilien/Brasilien_Energie_Itaipu_Rose_Brasil_ABr.jpg.

[11] Jacob, K. (2004). Verdammte Dämme. *Bild der Wissenschaft online* , 85.

[12] Kohlhepp, G. (1987). *Itaipú - Socio - economic and ecological consequences of the Itaipú dam.* Vieweg.